DE

L'AGRICULTURE

EN FRANCE

PAR M. RAUDOT

ANCIEN REPRÉSENTANT, ANCIEN VICE-PRÉSIDENT DU CONGRÈS CENTRAL D'AGRICULTURE

SECONDE PARTIE

Extrait du CORRESPONDANT.

PARIS

CHARLES DOUNIOL, LIBRAIRE-ÉDITEUR

29, RUE DE TOURNON, 29.

1857

PARIS. — IMPRIMERIE SIMON RAÇON ET COMP., RUE D'ERFURTH, 1.

DE

L'AGRICULTURE EN FRANCE

SECONDE PARTIE [1].

I

A l'insuffisance des progrès de l'agriculture française qui compromet la puissance, la grandeur, l'avenir tout entier de la France, quels remèdes apporter?

On en a tenté plusieurs. Celui qui fait le plus de bruit, c'est ce qu'on appelle l'instruction agricole, les fermes-modèles, les fermes-écoles : mais il ne faut pas s'exagérer l'importance des résultats.

Les cultivateurs ne sont pas émerveillés et entraînés par les belles récoltes que ces fermes peuvent produire; ils se disent toujours qu'il n'est pas difficile de bien cultiver en puisant dans la bourse du public; si l'on ne fait pas connaître ce que ces fermes coûtent et ce qu'elles rapportent, c'est que les résultats sont loin d'être brillants. L'agriculture officielle qui ruinerait des particuliers ne peut faire des prosélytes.

Quant à ces jeunes gens, bacheliers ou licenciés en agriculture, que feront-ils en sortant des écoles? Le très-petit nombre pourra cultiver ses propres domaines; les autres, seront-ils fermiers? Mais, pour louer un domaine et le cultiver dans la voie du progrès, il faut de l'argent, et beaucoup ; la plupart, et notamment les boursiers, n'en ont point. Seront-ils régisseurs? Mais le propriétaire qui fait valoir aime assez à tout diriger par lui-même ; s'il n'avait pas ce goût, il louerait son domaine. Si ce propriétaire ne dirige pas, ira-t-il prendre pour son *alter ego* un jeune homme qui n'a pas encore fait ses preuves et peut compromettre sa fortune? Savoir l'agriculture progressive théoriquement, l'avoir étudiée et même pratiquée dans un pays, ce n'est nul-

---

[1] Voir le *Correspondant* du 25 mai 1857. — A la page 5 de la première partie, on a mis que les sommes sorties de France par l'effet des importations du blé s'élevaient à deux cent seize millions de francs, lisez un milliard deux cent seize millions.

lement une garantie de succès dans un autre pays. L'agriculture n'est pas, comme la mécanique, une science mathématique ; l'application de la théorie doit varier suivant le climat et le sol, qui changent à chaque pas pour ainsi dire, suivant l'état du commerce local, les habitudes, les mœurs des habitants ; faire valoir, c'est gouverner en petit ; depuis déjà bien des siècles on fait de belles théories, des livres admirables sur l'art de gouverner, et cependant ceux qui gouvernent bien sont fort rares. La plupart de tous ces *diplomés* de l'agriculture officielle ne trouvent pas même l'occasion d'appliquer leur science, et j'ai connu des savants en agriculture qui se sont ruinés on ne peut mieux en faisant valoir ; ils feraient cependant, je n'en doute pas, des professeurs distingués dans les écoles de l'État.

Certaines personnes espèrent beaucoup des leçons d'agriculture données par les instituteurs aux bambins des campagnes. N'est-ce pas une chimère ? Que peuvent savoir en agriculture ces instituteurs, même après avoir reçu quelques leçons théoriques à l'École normale et bêché quelques planches dans le jardin de l'École ? Si par miracle chacun d'eux devenait un Mathieu de Dombasle en théorie, à quoi serviraient leurs leçons agricoles à des enfants ? Vains mots qui entreront par une oreille et sortiront par l'autre. Si par hasard un de ces enfants retenait quelque précepte agricole et voulait le mettre en pratique en disant à son père que, d'après les leçons de l'instituteur, il est un ignorant en agriculture, je vous demande comme ce bambin serait bien reçu du vieux laboureur et de quel œil tous les cultivateurs du pays verraient l'instituteur ?

L'instruction agricole, dont on parle comme d'un remède souverain, ne fait pas défaut autant qu'on le dit. Que de livres, que de journaux excellents d'agriculture mis à la portée de toutes les bourses et de toutes les intelligences ! Il est tel journal admirablement rédigé qui répand partout l'instruction agricole et fait plus de bien que les leçons orales de mille professeurs nouveaux.

II

Pour faire progresser l'agriculture, on a eu l'intention de dégrever, autant que possible, le sol des dettes qui l'accablent, et on a imaginé le crédit foncier. Je suis loin de dire que des établissements de crédit, prêtant de l'argent à un taux modéré et se faisant rembourser par annuités, ne soient pas utiles ; mais on a compromis le succès par la manie de la centralisation, en ne faisant qu'un seul établissement pour la France entière ; l'expérience a justifié le proverbe : *Qui trop embrasse mal étreint.*

D'ailleurs, que peut faire le crédit foncier pour dégrever les petits propriétaires obérés? il faut des justifications de propriété d'autant plus onéreuses que le bien est de moindre valeur : l'argent leur reviendrait à un taux exorbitant. Le crédit foncier a prêté ses plus fortes sommes à des propriétaires de maisons et à quelques grands propriétaires fonciers : je vous demande quel effet tout cela peut produire sur l'agriculture française? C'est la montagne qui accouche d'une souris.

L'État va prêter cent millions aux propriétaires qui voudront drainer leurs terres et les fera rembourser par annuités. Je sais parfaitement tous les avantages du drainage; mais croit-on que cette loi, dont le principe est du reste bien dangereux, suscitera de grands progrès? Ce qui manque pour le drainage, c'est encore moins l'argent que la volonté et la possibilité de le dépenser utilement. Les propriétaires de la plupart des domaines en France auraient assez de crédit pour trouver à un taux modéré de l'argent destiné au drainage de leurs terres, s'ils avaient la certitude d'augmenter ainsi leurs revenus de dix ou quinze pour cent. Faites qu'ils aiment la vie rurale, qu'ils en connaissent les ressources; faites qu'ils ne consacrent pas leur argent à des actions industrielles, à la rente, aux jeux de la Bourse, aux inutilités d'un luxe ruineux, et on drainera même sans vos prêts. Quant aux petits propriétaires cultivant leurs champs morcelés et enchevêtrés, vous aurez beau leur proposer de l'argent pour drainer, ils ne draineront pas: il y aurait trop de démarches à faire, trop d'actes à passer avec les voisins pour les forcer à recevoir les eaux de quelques ares, trop de travaux, trop d'indemnités.

Comme on voit dans les pays de vaine pâture une culture fort arriérée, bien des personnes proposent de la supprimer partout par une loi sévère, et s'imaginent qu'à l'instant même l'agriculture va progresser. N'est-ce pas une illusion? La vaine pâture est un moyen de nourrir, assez mal j'en conviens, une certaine quantité de bestiaux ; en la supprimant on va fort mécontenter les paysans et on n'obtiendra pas ce que l'on espère. Croit-on que chaque petit propriétaire va semer à l'instant des plantes sarclées dans ses champs en jachères, des raves après son blé, du colza, des prairies artificielles, et faire en un mot de l'agriculture progressive? Sans parler de l'obstination de la routine, il faut, pour le succès des plantes sarclées et des plantes commerciales, des champs parfaitement nettoyés, amendés et fumés: où prendre les engrais? Pour nourrir à l'écurie des bestiaux plus nombreux, il faut de la nourriture qu'on n'a pas, des étables qu'on n'a pas, de l'argent qu'on n'a pas ou qu'on ne veut pas risquer dans des améliorations qui semblent incertaines. La loi qui supprimerait partout la vaine pâture pourrait bien n'avoir d'autres résultats que des mécontentements profonds, des vexations et des procès.

On compte beaucoup sur les sociétés agricoles pour faire progresser l'agriculture. A Dieu ne plaise que j'en dise du mal ! Je suis un membre assez zélé du comice de mon pays, quelque peu dignitaire même, j'ai prononcé des discours agricoles, couronné des laboureurs, des bergers et des rosières champêtres. Je suis convaincu que les comices, en excitant par les concours l'amour-propre des cultivateurs et des éleveurs, en leur donnant des occasions de se connaître et d'échanger leurs observations et leurs idées, ont produit de bons résultats et en produisent chaque jour. Je suis également persuadé que l'institution des grands concours et des primes d'honneur produit des efforts et des progrès ; mais il ne faut pas exagérer les bons résultats de tout cela. Dans certains cantons on élève des animaux un peu meilleurs, on laboure un peu mieux, on tente quelques innovations, mais avec quelle lenteur ! Lorsqu'on veut marcher vite et loin, on est arrêté à chaque pas, on se heurte contre des barrières infranchissables.

Le fléau du morcellement, qui augmente sans cesse, défait souvent ce que les efforts des comices et de l'administration ont fait. Comment l'arrêter ?

J''ai entendu dire souvent que la loi devrait fixer pour les propriétés rurales des minimums de contenance ; on ne pourrait les diviser davantage ni par des partages ni par des ventes. Mais, sans parler de la grave atteinte portée ainsi aux droits de propriété, comment fixer ce minimum ? Il devrait varier selon les cultures, et les cultures elles-mêmes peuvent changer. Dans tous les cas, ce minimum ne pourrait pas être élevé, et, avant de l'atteindre, le morcellement aurait déjà produit presque tous ses mauvais effets.

Il y a déjà bon nombre d'années, en 1824, on n'avait plus soumis qu'à un droit fixe de un franc tout échange d'immeubles ruraux contigus. Cette loi, qui favorisait les réunions était excellente, mais les employés de l'enregistrement, fort peu agriculteurs, demandèrent l'abrogation de cette loi, sous prétexte qu'elle diminuait les recettes du Trésor et favorisait la fraude. Il ne s'agissait pour le Trésor que d'une somme annuelle de quatre à cinq cent mille francs ; cette loi fut rapportée en 1834, sans qu'il se trouvât personne dans les conseils du gouvernement ni dans les Chambres pour protester contre cette mesure anti-agricole. Cette loi devrait être rétablie, et il faudrait en outre exempter des énormes droits de vente toute acquisition faite par un propriétaire qui aurait des immeubles contigus. Mais il ne faut pas se dissimuler néanmoins que ces mesures ne pourraient que contre-balancer une faible partie du mal.

Devrait-on faire des échanges forcés, quel que soit le vœu des intéressés, de manière à donner à chaque propriétaire d'une commune un seul lot ou à peu près à la place de toutes ses pièces isolées ? Ce moyen produirait sans doute de grands effets immédiatement s'il était appliqué par toute la France, mais il porterait atteinte aux droits de propriété : ce qui est toujours chose grave et dangereuse, surtout à notre époque. Pour détruire un mal on en ferait naître un autre dont les conséquences pourraient être terribles. Ensuite les résultats heureux qu'on obtiendrait seraient-ils durables? Si on peut vendre ces lots en les divisant, les partager à chaque succession, le morcellement recommencera; mais, d'un autre côté, en déclarant ces lots indivisibles, où ira-t-on? Si on ne les déclare pas indivisibles, il faudra donc recommencer ces délicates et immenses opérations des échanges forcés tous les vingt ou trente ans. Pour faire le cadastre dans toute la France, il a fallu quarante ans de travaux et dépenser plus de cent quarante millions, et cependant il ne s'agissait que d'arpenter les héritages de chacun et de les classer pour l'impôt. Ici il faudrait non-seulement les arpenter, mais en faire l'estimation avec un soin minutieux, composer les lots de millions de propriétaires, défaire et refaire la fortune de tous. On reculera devant ces travaux gigantesques et d'une nature si dangereuse. Si l'on fait quelque chose, on se bornera à statuer que dans une commune on pourra procéder à des échanges généraux si la grande majorité des propriétaires le demande formellement. Mais j'ai la conviction profonde qu'il n'y aura dans ce cas d'échanges généraux que dans un petit nombre de communes. Tout paysan aime fort chacun de ses morceaux de terre; il les estime si haut, il lui en coûterait tant de s'en séparer ! D'ailleurs, on craindra toujours les erreurs, les injustices, les frais de ces opérations, qui, pour être bien faites, devraient être confiées à des hommes au-dessus de l'humanité; elles ne peuvent être faites que par de simples mortels, des géomètres et des experts.

III

Pour arriver beaucoup plus vite et plus sûrement à de grandes améliorations sans attaquer les droits de la propriété, quelques personnes comptent sur l'association qui, en industrie, a produit déjà tant de merveilles et augmenté si souvent la fortune de tous les associés, grands ou petits. Je crois qu'on rêve ici une utopie. Le petit propriétaire foncier ne veut pas seulement retirer un revenu de son bien, il veut toujours l'avoir sous ses yeux et sous sa main, il veut en jouir; si ses champs étaient confondus avec une foule d'autres dans une grande exploitation, il se regarderait comme exproprié. Jamais vous ne ferez consentir vingt, quarante petits propriétaires à livrer leurs champs à un homme qui cultivera pour eux, lors même que le résultat final serait un revenu double de ce qu'ils en auraient retiré en cultivant eux-mêmes.

J'ai entendu dire un jour à un riche propriétaire faisant valoir que son domaine lui rapportait dix pour cent ; à ce mot, grand étonnement de ses auditeurs, qui, quoique en Bourgogne, le prenaient pour un Gascon; mais il expliqua que son faire-valoir lui rapportait trois pour cent en santé, deux en agrément, deux en services rendus aux pauvres gens qu'il faisait travailler, et trois en argent. Pour le paysan propriétaire cette manière de compter est encore plus vraie. Le revenu en santé, en vanité de propriétaire, en bonheur d'agir à sa guise et de cultiver par lui-même est encore plus fort; enlevez-lui le soin, la peine de son bien, et soyez convaincu qu'il sera très-malheureux. On a remarqué souvent que les employés en retraite vieillissaient très-vite malgré une vie plus douce que par le passé : le désœuvrement, le changement de l'habitude, cette seconde nature, les tuait. Eh bien, pour le paysan privé de l'administration de son bien, l'effet serait le même, il en mourrait.

Jamais vous n'aurez des associations volontaires de propriétaires agricoles ; les rendra-t-on obligatoires? Alors c'est le renversement des droits de propriété, c'est entrer complétement dans les voies du socialisme. Autant vaudrait déclarer, comme le voulait M. Ramon de la Sagra au congrès central d'agriculture en 1848, que l'État doit être propriétaire de tout le sol de la France, afin de le cultiver d'après les lumières de la science, sous la direction d'ingénieurs agricoles.

Avec l'extension extrême de la propriété rurale, on arrive à la compromettre elle-même ; l'État n'a que trop de tendances à limiter sa liberté et ses droits, sous prétexte de l'intérêt public mis en péril par une trop grande division. Ainsi la loi sur l'expropriation pour cause d'utilité publique reçoit des applications indéfinies, ainsi l'État veut s'emparer de tous les cours d'eau. Des esprits ardents et logiques lui conseillent de s'emparer de tout. Le résultat de ce beau système serait, non pas d'augmenter, mais de diminuer les produits, car c'est la liberté et la propriété individuelle qui stimulent et doublent les forces, font des prodiges de soin, d'activité, de travail qui fécondent le sol; ce système est absurde sans doute, mais que de choses absurdes ont bouleversé les sociétés humaines! A force de vouloir multiplier les propriétaires fonciers, on finira par faire supprimer les propriétaires.

I V

Cette revue, que nous venons de passer des divers moyens proposés pour faire progresser l'agriculture, nous laisse dans notre conviction :

les progrès seront très-lents, presque insensibles. Ah! quand on est comme moi persuadé que la terre, dans les trois quarts de la France, pourrait donner le double, le triple de produits, que là serait la mine a plus inépuisable de bien-être, de tranquillité, de puissance, de grandeur pour mon pays, on se sent pris d'une tristesse profonde en pensant qu'une législation fausse, des principes d'administration faux, des systèmes de finances faux, et que les masses sont accoutumées à trouver admirables, paralysent et depuis longtemps l'essor de la France et compromettent son avenir.

Où voulez-vous en venir? me dira-t-on; voulez-vous rétablir le droit d'aînesse et les substitutions, attenter au Code civil, revenir à l'ancien régime? — Hélas! voilà comment on discute et on raisonne dans notre pays; d'une grande question sociale, on en fait une petite question de parti. Rétablir l'ancien régime! mais il y a longtemps que les gens instruits savent que tout le système financier et administratif que je réprouve n'est pas autre chose que celui de l'ancien régime, adopté et accru par la révolution; lisez le dernier ouvrage de M. de Toqueville. et il ne vous restera pas un doute sur ce point. Vous voulez maintenir ce qu'il y avait de plus mauvais peut-être dans l'ancien régime; je voudrais le détruire, c'est vous qui êtes, sans le savoir, les séïdes de l'ancien régime.

Quant à rétablir le droit d'aînesse, je répondrai aussi à cette question; mais, avant de le faire, permettez-moi quelques réflexions. Je n'ai point de respect superstitieux pour le Code civil, pas plus que pour l'ancien régime, et ses prescriptions à ce sujet ne m'empêcheraient nullement d'être pour l'affirmative, si tel me semblait être l'intérêt de la France.

J'admire peu le Code lorsque, par exemple, il partage et attribue les biens dans une succession sans avoir le moindre égard à leur origine, et peut enrichir ainsi une famille aux dépens d'une autre ;

Je l'admire peu lorsqu'il prescrit de faire entrer, lors des partages, dans chaque lot la même quantité de meubles et d'immeubles et tend ainsi à diviser les immeubles :

Je l'admire peu lorsqu'il déclare qu'après six générations de chaque côté il n'y a plus de parenté et que l'État hérite alors des biens du propriétaire mort sans testament, de sorte que, pour prendre un exemple connu de tous, d'après cette loi les fils de Charles X, en ne supposant aucune alliance par les femmes, auraient été complétement étrangers aux fils de Louis-Philippe ; Henri IV, à plus forte raison, quoique petit-fils de saint Louis, comme les Valois, n'aurait eu aucun droit de se dire leur parent et d'hériter de leur couronne :

Je n'admire pas le Code lorsqu'il limite la puissance paternelle, lorsqu'il établit de droit et toujours la majorité à vingt et un ans, et donne à la jeunesse à peine sortie de l'enfance, sans expérience, chez un peuple à l'imagination et aux passions si vives, toute facilité pour se ruiner.

Le Code ne cherche pas à fonder, à conserver des familles ; il les dissout plutôt ; il n'a pas en vue la durée, mais le précaire et le viager ; en disant que l'État peut hériter des particuliers, il proclame un principe socialiste et plein de dangers.

Pour le règlement des successions et des propriétés rurales, comme pour tout le reste d'ailleurs, il est très-vrai que le Code civil n'a rien innové, il s'est borné à choisir dans le droit romain et dans nos anciennes coutumes si nombreuses et si diverses ce qui lui a semblé le meilleur ; mais ce choix a été fait sous l'influence de trois idées capitales : la première, c'est qu'il fallait détruire, non plus certes par la spoliation, mais par l'action lente de la loi, ce que l'on appelait l'aristocratie, c'est-à-dire les grands propriétaires qui avaient été en général hostiles à la révolution ; la seconde, c'est qu'il devait être fort utile à l'État et à la société de mettre toutes les propriétés rurales dans le commerce, afin qu'elles pussent sans cesse changer de mains ; la troisième, c'est que la petite propriété était essentiellement favorable aux progrès de la culture, à l'accroissement de la population, au bien-être du peuple, à la dignité humaine.

Comme arme de guerre destinée à détruire un ennemi, le Code, venant en aide à tout le système gouvernemental et administratif, a rempli parfaitement son office ; mais, comme moyen d'accroître la production et de donner le bien-être aux masses, il a échoué. L'arme destinée à frapper l'ennemi a frappé aussi les amis.

Sans doute il ne faut pas que tout le sol soit immobilisé ; il est bon que des hommes actifs, industrieux, puissent acheter des terres pour les améliorer, les rendre plus productives ; mais l'excès contraire à celui de la terre immobilisée, c'est-à-dire des propriétés rurales qui sont dans le commerce comme des marchandises mobilières, qui changent sans cesse de mains, ne présente-t-il pas d'immenses inconvénients ? En agriculture, les grandes améliorations ne s'improvisent pas, il leur faut le temps, la durée, la persévérance. Le propriétaire qui veut embellir, améliorer son bien, a les bras cassés par l'idée que tout après lui sera divisé, détruit ; la pensée, au contraire, que tout sera conservé, continué par les siens, lui donne du courage, de la persévérance jusqu'au dernier jour. Lorsqu'on a soi-même l'idée de vendre, de dépecer son bien, l'améliore-t-on ?

Depuis quarante ans on a vendu des immeubles en France pour soixante milliards au moins, ainsi que le prouve le chiffre des droits perçus pour les mutations ; plus des trois quarts se rapportent aux ventes de propriétés rurales ; pas la moindre partie de cette somme pro-

digieuse n'a été employée à faire la moindre amélioration agricole;
c'est une dépense stérile, tant d'argent dépensé en acquisitions et en
droits d'enregistrement a ôté à presque tous les propriétaires nouveaux les capitaux indispensables pour améliorer. Si ces quarante-cinq
à cinquante milliards avaient été employés à rendre la terre plus fertile,
quelle serait aujourd'hui la prospérité de la France !

En Angleterre, ainsi que l'explique si bien M. de Lavergne, les fermiers ne désirent pas acheter des domaines, parce que leurs capitaux
immobilisés dans la terre ne leur rapporteraient que trois ou quatre
pour cent, tandis que, consacrés à la culture intelligente des domaines
d'autrui, ils leur rapportent au moins huit ou dix.

Ce que je disais plus haut sur les merveilleux développements de
l'industrie française peut s'appliquer à l'agriculture anglaise. Toutes
les découvertes des sciences, toutes les améliorations inventées par le
génie de l'observation raisonnée et du gain, sont à l'instant même ex-
périmentées, mises en pratique par de riches propriétaires ou fermiers; la plus grande publicité est donnée aux expériences et aux succès, une émulation puissante s'en empare, et partout on se met à l'œu-
vre sur des domaines assez grands, assez réunis pour qu'il n'y ait pas
de forces éparpillées et perdues ; l'agriculture marche à pas de géants,
et les masses en profitent. Dans les trois quarts de la France, au contraire, l'agriculture, livrée à l'ignorance, à la routine, à la gêne, à la
misère même, pratiquée péniblement dans des champs morcelés et
enchevêtrés, marche à pas de tortue, et les masses en souffrent.

Supposons que les idées des Anglais viennent à changer, que la
plupart des propriétaires se dégoûtent de leurs terres, que les fermiers
emploient leurs capitaux à les acheter, que chaque année ils dépensent
un milliard ou deux à faire ces acquisitions, qu'arriverait-il alors? La
terre, ne recevant plus ce qui la fertilisait, donnerait moins à son tour,
l'agriculture rétrograderait, et une partie du peuple mourrait de faim.

J'arrive à la troisième idée qui a inspiré le Code civil : plus il y a de
petits propriétaires cultivateurs, plus il y a d'aisance, de bien-être. J'ai
lu à ce sujet bien des pages sentimentales, des dissertations profondes.
Ces idées, du reste, ne sont pas nouvelles : elles étaient partagées, non
pas seulement au dix-huitième siècle, mais dans le dix-septième par
beaucoup de beaux esprits de la noblesse elle-même. Fénelon, dans son
Télémaque, fait dire par la Divinité de la sagesse, dans ses conseils à
Idoménée pour l'organisation de Salente : « Il ne faut permettre à
« chaque famille, dans chaque classe, de pouvoir posséder que l'éten-
« due de terre absolument nécessaire pour nourrir le nombre de per-
« sonnes dont elle sera composée. Cette règle étant inviolable, les no-
« bles ne pourront faire d'acquisition sur les pauvres; tous auront des
« terres, mais chacun en aura fort peu et sera excité par là à les bien
« cultiver. »

Je voudrais bien que dans tout ceci on se donnât la peine de se rendre des choses un compte exact, approfondi, mathématique, au lieu de faire des phrases.

A Dieu ne plaise que je méconnaisse les avantages moraux de la propriété foncière. Le paysan, en devenant propriétaire, devient presque toujours meilleur ; sa propriété le rehausse, lui donne plus de tenue dans sa conduite, plus d'amour du travail et de l'ordre ; la supériorité du soldat français tient en grande partie à cette diffusion de la propriété ; et à tout prendre, les paysans cultivant leurs biens, malgré, pour beaucoup, les revers de leurs qualités, l'âpreté au gain, le sentiment exagéré de leur importance, la jalousie des supériorités, forment une des classes les plus morales, les meilleures de la société française ; mais en voulant multiplier à l'infini le nombre de ces propriétaires, où arrive-t-on ? M. Legoyt s'est servi des expressions suivantes, en parlant du morcellement du sol : « La France fait, sous ce rapport, l'expérience la plus hardie qui ait jamais été tentée. » Ces mots ont un grand sens, on va en juger.

Il y a en France actuellement à peu près quatre millions de familles de propriétaires fonciers et d'ouvriers adonnés à l'agriculture. Bien des gens trouvent que le nombre des propriétaires ruraux actuels n'est pas encore assez grand, et ils espèrent qu'avec le temps et le Code civil tous les ouvriers agricoles, et d'autres encore, deviendront propriétaires également. Mais bornons-nous à ce chiffre de quatre millions de familles seulement et supposons ce que rêvait le bon Fénelon, ce que plus d'une personne désirerait : que chacune de ces familles ait aujourd'hui une part à peu près égale du sol cultivé de la France. Ce sol est limité ; il comprend à peine trente-quatre millions d'hectares. Nous n'avons pas les vastes déserts du nouveau monde à nos portes pour agrandir indéfiniment nos cultures, comme le peuvent faire les habitants des États-Unis. Chaque famille a, je le suppose, sa part égale, huit hectares environ ; c'est plus que n'ont aujourd'hui beaucoup de propriétaires et à peu près le chiffre des hectares qu'on donne actuellement aux nouveaux colons envoyés en Algérie pour peupler les villages fondés et créés par l'administration : preuve certaine que l'esprit de Fénelon lui survit et que l'administration croit aussi que la petite culture et la petite propriété sont le beau idéal. Maintenant chaque ménage aura des enfants ; je suppose, et ceci est bien modéré, que chaque père de famille ait trois enfants, arrivant à l'âge d'homme, se mariant et ayant eux-mêmes chacun trois enfants, et ainsi de suite pendant sept générations. Chaque enfant, en se mariant, épouserait un homme ou une femme qui lui apporterait autant de terre qu'il en a ; voici quelle serait la marche de la division du sol. Le premier ménage a aujourd'hui huit hectares chaque ménage de la seconde génération aurait cinq hectares trente-deux ares, de la troisième trois hectares cinquante-quatre ares, de la quatrième deux hectares trente-six ares, de la cinquième un hectare cinquante-sept ares, de la sixième un hectare quatre ares, de la septième soixante-neuf ares. C'est-à-dire qu'avant deux siècles chaque ménage d'agriculteurs serait dans l'impossibilité de vivre avec les produits de son petit bien, et à plus forte raison dans l'impossibilité absolue de verser sur le marché les produits agricoles indispensables cependant pour nourrir le reste de la population. Cet état de choses existe déjà pour plus d'un village.

Pour combattre ces résultats désastreux et infaillibles, il n'y a que deux moyens. Le premier, c'est la vente d'une grande partie au moins des biens ruraux de toute succession divisée entre plus de deux héritiers. Mais alors il y aura donc toujours à vendre un trentième à peu près du sol cultivé sans compter tout ce qui sera vendu pour d'autres causes. La conséquence obligée de ce prétendu moyen de salut, c'est une masse énorme de mutations stériles, toutes les ressources des agriculteurs employées, non pas à fertiliser le sol, mais à le faire changer continuellement de mains, c'est la gêne perpétuelle des agriculteurs, et une pauvre agriculture.

Le second moyen, c'est de faire comme ces paysans dont je parlais plus haut; c'est de n'avoir que deux enfants au plus par ménage, ou même moins. Belle théorie, en vérité, qui arrive, avec son entier développement, à l'impossibilité de la culture, à la misère, à la famine, et qui ne permet d'échapper à ces fléaux qu'en arrêtant les progrès de la société elle-même; si l'on ne tue pas les enfants, comme en Chine, il faut du moins qu'on les empêche de naître. Les familles se font petites pour vivre et se conserver, mais la mort frappe souvent des enfants si peu nombreux, et les familles s'éteignent. Faudra-t-il admirer encore, sans conteste, le Code civil, pour le règlement des successions immobilières? Je ne parle pas ici, qu'on le remarque, des biens meubles; leur division ne peut nuire ni à leur valeur ni à la chose publique, l'association des petits capitaux est facile et peut produire de merveilleux résultats.

On exalte sans cesse le Code civil comme la sauvegarde des principes et des intérêts démocratiques; mais, s'il est funeste au peuple, comment peut-il être démocratique? Il menace plus encore la petite que la grande propriété. Dans la succession d'un riche propriétaire foncier, chaque héritier trouve ordinairement pour sa part un ou plusieurs domaines, des exploitations complètes; les partages sont faciles, et leurs frais ne sont pas en disproportion avec la valeur de la succession; ensuite bien des grands domaines pourront se conserver encore longtemps par la difficulté de les vendre en détail et le bon prix qu'en donneront des capitalistes enrichis dans l'industrie ; mais l'égalité des partages n'est-elle pas surtout nuisible à la petite propriété en ce qu'elle entraîne des frais de partage hors de proportion avec la valeur des biens, des liquidations ruineuses causes de dettes usuraires, des ventes dont les frais sont énormes, comparés à la valeur des parcelles? Ensuite l'exploitation était déjà trop petite entre les mains du père de famille, elle le sera bien plus encore divisée entre ses héritiers. Le Code aura pour effet, non pas de multiplier la richesse et le bien-être, mais le nombre de ces propriétaires indigents dont parle M. Casabianca.

D'un autre côté, il n'y a pas seulement en France des cultivateurs et des propriétaires fonciers. Dans une nation comme la nôtre, il y a et il y aura toujours le tiers au moins de la population qui, par la nature même de ses occupations, ne peut ni posséder ni cultiver une partie quelconque du sol; si elle entrait en partage des terres avec les deux autres tiers, on arriverait tout d'un coup à un morcellement excessif, à la famine. Aujourd'hui, près de trois millions de familles sont adonnées aux arts, aux métiers, à l'industrie, etc.; il importe à ces familles, obligées de tout acheter pour vivre, que les produits de la terre soient abondants et à un prix raisonnable; si une division excessive du sol amène une agriculture mauvaise, médiocre même, il est de son intérêt évident que cette division s'arrête, diminue. A leurs plaintes de ne pouvoir plus vivre avec leurs salaires era-t-on cette réponse : « Vous souffrez, vous avez faim, c'est vrai; mais vous êtes démocrates et vous devez vous estimer heureux que le principe démocratique sur l'égalité des partages et la division des immeubles ruraux triomphe enfin complétement. » Belle consolation et beau principe démocratique, en vérité!

Dirais-je sur tout cela ma pensée entière? Et pourquoi pas. Plus d'une loi fort vantée a été inspirée, non pas seulement de nos jours, mais depuis deux siècles, par la passion qui s'ignore et l'ignorance lettrée. Sauf de très-rares exceptions, les légistes français qui ont préparé les lois, les légistes et les administrateurs qui les appliquent, les gouvernants et leurs innombrables employés qui ont tant d'action sur les hommes et les choses, non-seulement ne sont pas le moins du monde agriculteurs, mais par leurs études, leurs habitudes, leurs occupations, ils n'ont ni la connaissance ni le goût des choses agricoles; ils ignorent profondément ce qui est utile, nécessaire à leurs progrès; sans doute ils n'ont pas le désir, la volonté de nuire à l'agriculture; mais, lors même qu'ils croient lui faire du bien, ils lui font presque toujours du mal, et les meilleurs me rappellent l'ours et son pavé.

V

Malgré tout ce que je viens de dire, je ne réclamerai pas cependant le rétablissement du droit d'aînesse et des substitutions perpétuelles, je me bornerai à demander :

1° Que le père de famille soit le maître, comme en Angleterre et aux États-Unis, de partager son bien entre ses enfants selon sa volonté. Souvent dans les familles de petits propriétaires ce ne sera pas l'aîné que le père de famille chargera de conserver son petit domaine, mais celui de ses fils qui aura le plus de goût et d'aptitude à le bien cultiver.

2° Que tout propriétaire foncier jouisse de la faculté accordée par le Code civil au père de famille et aux oncles et tantes seulement, de substituer tout ou partie de leurs immeubles, mais en étendant cette faculté d'un degré et en abolissant l'article 1050, qui ne permet de faire ces substitutions qu'en faveur de tous les enfants nés ou à naître sans exception. Cette dernière disposition, qui avait pour but de conjurer le fantôme du droit d'aînesse, rend les substitutions à peu près impossibles et toujours funestes, car elle divise de toute nécessité entre plusieurs les domaines que l'on voudrait conserver intacts.

3° Que dans toute succession les fils aient le droit de prendre les immeubles s'il se trouve du mobilier suffisamment pour faire la part des filles, ou de les acheter pour leur valeur en payant à celles-ci des annuités à longues échéances. Ce sont les fils qui continuent la famille ; en se mariant, les filles font partie d'une famille nouvelle ; ensuite, parmi les propriétaires cultivateurs les fils sont le bras droit du père ; ce sont eux qui sont à même de continuer la culture et de bien faire ce qu'ils ont toujours fait.

4° Que chaque héritier ait le droit d'exiger la vente des immeubles, si on ne pouvait régler les droits de chacun qu'en morcelant les exploitations ou les parcelles.

Pour faire passer dans les lois les dispositions si simples que je propose, serait-on arrêté par la crainte de voir la féodalité renaître avec la liberté laissée aux propriétaires de disposer de leurs biens selon leur volonté ? En vérité, avec nos mœurs, nos idées, les deux tiers au moins du sol aux mains des paysans, la féodalité est fort à craindre ! Si le char de l'État verse, ce ne sera pas, certes, de ce côté. Les institutions périssent aussi bien par l'exagération que par la violation de leur principe, il s'agit aujourd'hui de sauver la démocratie de l'excès de son triomphe.

Les dispositions que je réclame sont destinées à être plus utiles encore à la petite propriété qu'à la grande, aux paysans vivant de leurs biens qu'aux grands propriétaires. Ce que je demande, ce n'est pas une législation spéciale, un privilége pour quelques-uns, mais l'égalité de la loi et la liberté pour tous ; ce n'est pas une obligation imposée aux parents de conserver les biens dans leurs familles, mais la liberté laissée aux familles de les conserver et de faire une bonne agriculture ; ce n'est pas l'oppression du peuple, mais un moyen de mieux pourvoir aux besoins du peuple.

D'autres personnes trouveront, au contraire, que je pèche par un excès de réserve, qu'on ne fera rien d'efficace sans le rétablissement absolu du droit d'aînesse et des substitutions perpétuelles. Pour que les lois que je demande aient toute leur efficacité, il faut encore, je l'avoue, un grand changement, que j'expliquerai tout à l'heure ; si je ne réclame pas le droit d'aînesse, c'est qu'il serait antipathique aux mœurs et aux idées ; c'est qu'étant rétabli au grand mécontentement du plus grand nombre et au grand danger de révolutions nouvelles, beaucoup de personnes s'imagineraient que tout est sauvé, qu'il n'y aurait plus rien à faire, que les domaines vont se conserver, se réformer, se cultiver admirablement.

On se tromperait étrangement. Rétablissez le droit d'aînesse, les substitutions même perpétuelles, et conservez tout le reste, vous n'aurez rien fait, absolument rien.

VI

Le droit d'aînesse et les substitutions existèrent dans presque toutes les provinces de France pour les familles nobles pendant tout le moyen âge et jusqu'à la Révolution, et cependant ces familles se ruinaient, et les terres tendaient à se morceler ; maints documents ne laissent aucun doute sur ce point.

Turgot, lorsqu'il était intendant de Limoges, disait, en 1767, à M. d'Ormesson, intendant des finances, dans une lettre écrite à l'occasion d'une instruction du contrôleur général sur la répartition des tailles : « L'exécution de ce plan serait praticable dans la généralité de Paris et dans toutes les provinces où les terres sont partagées en un petit nombre de propriétaires et divisées en grandes exploitations ; il s'en faut qu'on trouve les mêmes facilités dans les provinces où il n'y a ni fermes ni grandes exploitations, c'est-à-dire au moins dans les quatre septièmes du royaume. » (*Journal des Économistes*, novembre 1856, p. 277.)

Ces petites cultures, ce morcellement, frappent d'étonnement Arthur

Young dans ses *Voyages en France de* 1787 à 1790 ; il en parle souvent dans ses ouvrages ; voici notamment ce qu'il dit : « Les paysans ont partout de petites propriétés, à un point dont nous n'avons pas d'idée en Angleterre ; cela a lieu dans toutes les parties du royaume, même dans les provinces où les autres modes de tenure prévalent (t. III, p. 1). Le nombre en est si grand, que je crois qu'il comprend un tiers du royaume (p. 31). » Et cependant, à l'époque où parlait Arthur Young, on n'avait pas encore touché aux biens du clergé, qui, dans presque toutes les provinces, avait des domaines considérables, ni aux biens des émigrés ; le Code civil n'existait pas.

Comment donc avait eu lieu ce morcellement avec des lois qui tendaient cependant à concentrer les biens dans les familles distinguées et à les conserver ? C'est que les mœurs, plus puissantes que les lois, c'est que des principes nouveaux d'administration et de gouvernement, c'est que d'autres institutions détruisaient l'effet de ces lois.

En plein moyen âge, les seigneurs, dont les guerres continuelles, des goûts d'ostentation, avaient obéré la fortune, et qui ne se livraient que rarement eux-mêmes à l'amélioration de leurs terres, donnaient, pour augmenter leurs revenus, des terrains à défricher, à cultiver, moyennant des rentes perpétuelles ; ils étaient censés conserver la haute propriété, mais, en réalité, les paysans étaient devenus les véritables propriétaires de ces terrains, et, pour toujours ; ce n'était plus que de la petite et très-petite culture. Et, comme pour les non nobles le partage égal entre les enfants était dans presque toutes les coutumes le droit commun, ces terrains concédés tendaient à se diviser de plus en plus.

Dans les trois derniers siècles, ce morcellement fit des progrès plus rapides par d'autres causes. On voit presque toutes les terres s'amoindrir, d'abord par des ventes partielles ou des acensements, puis changer de familles, et ces familles nouvelles les revendre après un petit nombre de générations. Quelques années avant la Révolution, un savant bourguignon, l'abbé Courtepée, publia la *Description générale et particulière de la Bourgogne*. Ce livre, très-instructif, donne pour chaque fief le nom du propriétaire actuel et les noms des principaux propriétaires antérieurs. Eh bien, en 1780, presque toutes les familles possédant des fiefs au moment de la réunion de la Bourgogne à la France avaient disparu ; presque toutes ces terres, en si grand nombre dans cette vaste province, avaient été vendues et revendues ; à peine neuf ou dix étaient encore la propriété des descendants par les femmes de leurs possesseurs de 1480 ; à peine trois ou quatre étaient encore possédées par les descendants en ligne masculine. Ce qui s'est passé en Bourgogne depuis trois siècles s'est produit dans toute la France.

Malgré bien des prétentions contraires, sur cent nobles, en 1789, quatre-vingt-quinze au moins étaient même, du côté paternel, d'origine bourgeoise [1]; l'anoblissement de leurs familles remontait à une époque plus ou moins éloignée, et parmi ceux mêmes dont la noblesse se perdait dans la nuit du moyen âge, parmi les plus grands seigneurs, il n'y en avait peut-être pas un seul qui ne descendît par les femmes de quelque bourgeois. En voici un exemple entre mille : un duc de Guise, de la maison de Lorraine, épousa, au dix-huitième siècle, une arrière petite-fille de l'habile ministre de Henri IV, Pierre Jeannin, dont le père était tanneur à Autun et échevin de cette ville. Le duc se plaignait un jour de ce que sa femme avait fermé à ses enfants la porte des grands chapitres nobles : « Vous oubliez, lui répondit-elle, *que je vous ai fermé celle de l'hôpital.* »

Dans le même temps, on voit en Angleterre une autre tendance, des faits contraires ; en général, les familles distinguées conservent leurs terres, la propriété s'agglomère plus qu'elle ne se divise, le nombre des petits propriétaires diminue par des transactions parfaitement libres.

Les lois sur le droit d'ainesse et les substitutions étaient cependant à peu près les mêmes dans les deux pays; comment donc est-on arrivé à des résultats si différents?

Les rois de France des derniers siècles ont eu pour principe politique d'attirer à la cour tous les seigneurs distingués des diverses provinces, afin de les avoir sous la main et de détruire leur influence sur les populations; on leur donna des faveurs, des décorations, des distinctions puériles, de l'argent en compensation de l'indépendance et du pouvoir qu'on leur ôtait; on les excita à se livrer à un luxe extravagant qui les ruinait; on les encouragea dans le préjugé que la vieille noblesse ne devait jamais être que militaire; on les voua ainsi tous à la ruine par l'exercice exclusif d'une profession qui les empêchait de veiller à leurs affaires privées, leur enlevait la connaissance et la pratique des hommes et des affaires publiques, et les décimait sans cesse. On chercha à supprimer, à laisser dans l'oubli, à énerver les institutions libres où les hommes auraient été quelque chose par eux-mêmes ou par les suffrages de leurs pairs, de leurs concitoyens; les rois prirent pour ministres des hommes nouveaux entièrement dépendant d'eux, créèrent une vaste administration qui enleva dans presque toutes les provinces, aux propriétaires terriens, toute espèce de part au gouvernement des affaires générales ou locales. Avec ce système, ces propriétaires abandonnaient en général les campagnes, où ils

---

[1] Voir Chérin, généalogiste, dans son *Abrégé chronologique* (Paris 1784) sur le fait de la noblesse, p. vj du discours préliminaire.

n'avaient point de sujets d'ambition légitime, pour aller chercher les faveurs de la cour ou les plaisirs des villes ; livraient à leurs intendants leurs biens et leurs tenanciers, se ruinaient successivement ; leurs terres étaient achetées par des nobles nouveaux ou des bourgeois riches bientôt anoblis, dont les enfants prenaient aussi les mœurs et les habitudes de l'ancienne noblesse et se ruinaient à leur tour. L'homme de France qui connaissait le mieux l'état de la noblesse, le généalogiste royal Chérin, écrivait en 1788 : « Cette manie de quitter les provinces et d'abandonner les campagnes, qui deviennent désertes, l'attachement aux maximes de cour, l'envie d'y jouir de quelques distinctions passagères, le goût effréné des plaisirs de la capitale, le luxe, la dissolution des mœurs qu'il entraîne, le célibat : voilà les maux qui détruisent la noblesse..... Combien de familles illustres, combien de noms célèbres sont venus se perdre dans cette capitale fameuse, où s'engloutissent journellement, comme dans un abîme sans fond, toutes les races, toutes les fortunes et toutes les vertus ! » (P. iiij.)

La bourgeoisie la plus distinguée habitait dans les villes, où elle occupait les innombrables places de magistrature et de finances, érigées en charges vénales, que les besoins du Trésor avaient multipliées à l'infini. Les nobles et les bourgeois qui étaient magistrats avaient bien en général des habitudes réglées et des connaissances de droit qui conservaient leurs biens ; mais, quoiqu'ils fussent presque tous propriétaires fonciers, ils n'avaient pas davantage le goût et l'intelligence des choses agricoles. Enfin, si dans les campagnes un paysan faisait fortune, ses enfants ou petits-enfants se hâtaient de quitter les champs pour échapper à la nécessité d'être à leur tour collecteurs des tailles, pour devenir bourgeois d'une ville, acheter une charge et mener une existence qui leur semblait plus noble.

En Angleterre, les institutions libres, non-seulement conservées, mais agrandies, produisirent un résultat tout contraire. Le pair d'Angleterre dut conserver ses terres qui lui permettaient de tenir son rang dans la chambre haute et lui assuraient une action considérable sur les élections des députés à la chambre des communes ; c'était un double moyen de participer au gouvernement de son pays. Il dut, pour maintenir son influence sur les populations, vivre au milieu d'elles et chercher à leur être utile. Le simple landlord dut faire comme le grand seigneur et conserver sa terre pour conserver son influence, parvenir à la chambre des communes ou y faire parvenir ses amis. Le gouvernement, obligé de compter avec les assemblées politiques, composées en grande majorité de propriétaires fonciers et qui faisaient arriver aux ministères leurs hommes de confiance, ne put pas organiser comme en France une vaste administration en dehors des influences du sol, et, pour les combattre, il laissa aux propriétaires une bonne partie des charges et de l'influence de l'administration et de la justice. Point d'intendants et de subdélégués entièrement aux mains des ministres, et qui en France absorbaient toutes les libertés locales, toute initiative, et dont l'action et la puissance tendaient sans cesse à s'accroître; point de ces nombreux tribunaux et de cette armée de justiciers subalternes, hostiles aux propriétaires terriers; le parlement anglais n'aurait pas permis qu'on créât et qu'on vendît une multitude de places pour avoir de l'argent et se passer de lui ; mais des juges de paix, des schérifs non payés et des jurés administrant et jugeant, un très-petit nombre de juges permanents marchant les égaux pour ainsi dire des grands seigneurs; point de cette multitude de courtisans consumant leur vie à des frivolités. L'Angleterre est, sans exclusion pour l'élite des autres classes de la société, administrée, jugée aussi bien que gouvernée par les propriétaires du sol, parce qu'ils ont eu le bon sens et le courage de conserver et d'accroître les institutions libres et vivaces, utiles à tous, et de renoncer à tous les priviléges qui pouvaient blesser ou nuire.

M. le comte de Montalembert, dans son admirable livre sur l'avenir politique de l'Angleterre, a fait remarquer que ce royaume avait eu, au moyen âge, des droits féodaux, comme tout le reste de l'Europe; ces droits se sont éteints, ont disparu sans que l'on puisse savoir à quelle époque, tandis qu'en France ces droits se sont conservés dans ce qu'ils avaient de fiscal, d'humiliant et d'odieux aux populations rurales. L'explication de ce double fait se trouve dans la marche différente des deux nations depuis le moyen âge. L'aristocratie anglaise s'est appuyée sur le peuple pour résister aux envahissements de l'autorité royale, dès lors elle a dû renoncer d'elle-même à ce qui aurait été odieux au peuple ; le pouvoir royal en France a pu maîtriser la noblesse féodale, qui ne s'appuyait que sur son épée, en faire son instrument militaire ; il lui laissa par compensation des droits féodaux, qui flattaient sa vanité et semblaient utiles à ses intérêts pécuniaires, mais qui, la séparant profondément des paysans humiliés et mécontents, augmentaient encore sa faiblesse.

« Assurément, dit M. de Tocqueville, l'aristocratie d'Angleterre était de nature plus altière que celle de France et moins disposée à se familiariser avec tout ce qui vivait au-dessous d'elle, mais les nécessités de sa condition l'y réduisaient. Elle était prête à tout pour commander. On ne voit plus depuis des siècles chez les Anglais d'autres inégalités d'impôts que celles qui furent successivement introduites en faveur des classes nécessiteuses. Considérez, je vous prie, où des principes politiques différents peuvent conduire des peuples si proches! Au dix-huitième siècle, c'est le pauvre qui jouit, en Angleterre, du privilége de l'impôt; en France, c'est le riche. Là, l'aristocratie a pris pour elle les charges publiques les plus lourdes, afin qu'on lui permît de gouverner ; ici, elle a retenu jusqu'à la fin l'immunité d'impôt pour se consoler d'avoir perdu le gouvernement. » (*L'ancien régime et la Révolution*, p. 152.)

L'aristocratie anglaise a évité même tout ce qui pouvait froisser les autres classes de la société : point de ligne de démarcation tranchée entre elle et ces classes ; elle est sans cesse ouverte pour recevoir ce qui s'élève et se consolide. Sauf les pairs du royaume et quelques baronnets, elle n'a point de titres ; elle n'a pas ce qui brille, mais ce qui sert ; pas l'apparence, mais la chose. En France, même avant la révolution de 1789, des titres sans aristocratie ; combien de vanités impuissantes et nulles se consolaient par des hochets ! que de marquis, de comtes, de barons, sans marquisats, sans comtés et sans baronnies, à peine nobles souvent et qui ne faisaient pas naître le respect, mais l'envie, en froissant les amours-propres ! Que dirons-nous de ce qui se passe depuis ? après chaque révolution nouvelle il surgit encore plus de gens titrés : ne semblerait-il pas que nous avons des révolutions aristocratiques ? Vaines parodies de ce qui n'est plus et qui rendent plus difficile ce qui devrait être. Dans le Bas-Empire, que de titres aussi, que de distinctions, que d'illustres et d'illustrissimes ; plus on était petit et nul, plus on se haussait sur des mots sonores, plus on se chamarrait.

VII

Les droits d'aînesse, les substitutions, qui, en France, sont devenus si impuissants et si impopulaires, sont entrés, au contraire, dans les mœurs et les idées de la nation anglaise tout entière, qui en a compris et développé les avantages. Ces institutions ont aidé à conserver ces domaines bien réunis, où des hommes intelligents et riches peuvent faire l'agriculture la plus admirable qu'il y ait au monde. D'un autre côté, la propriété de la terre appartenant en général à l'aîné et les biens meubles se partageant entre tous les enfants, chaque père de famille a sans cesse pendant sa vie un puissant stimulant pour chercher à augmenter sa fortune mobilière, afin de laisser le plus possible à ses fils cadets et à ses filles, et le sentiment paternel contribue ainsi à augmenter la richesse publique. Les familles, sûres que leurs chefs pourront en conserver l'éclat, ne cherchent pas à se réduire au plus petit nombre d'enfants possible, comme en France ; la souche restera toujours puissante et vigoureuse, les rameaux poussent et s'étendent. Les cadets, stimulés par le désir de ne pas être trop au-dessous de la position dont ils avaient joui dans la maison paternelle, accoutumés à la pensée qu'ils doivent se faire eux-mêmes leur destinée, cherchent, par de grands efforts, dans les fonctions publiques, dans les entreprises commerciales ou agricoles, à conquérir une position soit dans la mère-patrie, soit dans les Indes, soit dans les nombreuses colonies où ils vont contribuer à fonder de nouvelles nations anglaises; et il arrive plus d'une fois que ces cadets finissent par être plus riches, aussi honorés que leurs aînés.

Les filles n'ayant que peu de fortune généralement, les jeunes gens qui veulent se marier ne sauraient être dominés par des calculs d'intérêt; ils peuvent suivre leurs cœurs; ils n'épousent pas les personnes laides, chétives, scrofuleuses, contrefaites, qu'on trouve admirables en France si elles ont une grosse dot. Aussi, en général, en Angleterre, les familles distinguées se conservent dans leur beauté et dans leur force.

Il se trouve partout, sur le sol de l'Angleterre, une foule de propriétaires indépendants portant la tête haute, pouvant agir et contenir, administrer et conserver la paix publique; c'est la vie puissante et active, c'est le calme dans la force. Toute la nation prend ces mœurs, ces idées, et marche sans s'arrêter à la conquête d'une large place dans le monde et parmi les nations étonnées de ses agitations sans révolutions, de sa fécondité et de ses progrès.

Mais qu'on ne s'y trompe pas; ce sont les institutions libres qui ont permis à l'aristocratie anglaise de se conserver, qui l'ont sans cesse retrempée par la lutte, par la nécessité de grands efforts pour ne pas déchoir, qui l'ont sans cesse rajeunie par les hommes nouveaux dont les talents, les hautes facultés, n'auraient pu se manifester sans ces libertés fécondes. Détruisez ces institutions libres, et il arrivera en Angleterre ce qui était arrivé en France avant 1789, malgré le droit d'aînesse et les substitutions. Les hautes classes, pas plus que la religion, n'ont rien de bon à gagner aux faveurs du pouvoir et à la sécurité énervante du bien-être. Condamner les hautes classes à l'oisiveté, à la paisible jouissance de leurs richesses, c'est les vouer à la langueur, à la mort.

Depuis 1815 et pendant trente-deux ans, nous avons eu, il est vrai, des libertés publiques, des Chambres, des élections, la forme du gouvernement anglais; mais en même temps nous avons conservé précieusement l'organisation entière du despotisme, tout ce qui détruit le goût, l'attrait, l'importance de la vie rurale; les fonctionnaires sont devenus de plus en plus nomades, leur nombre a augmenté, la passion pour les places n'a fait que croître; tout le système financier et économique qui accable la propriété rurale, attire tout l'argent au centre, a été non-seulement conservé, mais aggravé; la manie du gouvernement de se mêler de tout, de tout faire, de ralentir, de tuer ainsi l'initiative et l'activité privée, ne s'est pas guérie, mais est passée à l'état chronique ; en un mot, on a développé tout ce qui mine, dissout la propriété et entrave les progrès de l'agriculture.

Voulez-vous arrêter le morcellement du sol, détruisez tout cet assemblage de principes et de faits pernicieux, dissolvants. En France, pour être quelque chose, un propriétaire doit quitter ses champs et son manoir ; en Angleterre, il faut qu'il y reste. Tout est là. Faites que les propriétaires habitent leur terres, prennent le goût de la vie rurale, e ils achèteront, au lieu de vendre. Les lois sur les successions sont le mêmes pour les propriétaires riches et les paysans ; ces derniers achètent cependant aujourd'hui les terres des premiers ; ceux qui n'ont rien ou peu font passer dans leurs mains les biens de ceux qui ont beaucoup. Ce grand fait ne doit-il pas nous éclairer ? Quand les propriétaires auront la passion de leurs terres comme le paysan, ils sauront bien user de la loi nouvelle qui leur permettra d'en assurer la conservation dans leurs familles.

Voulez-vous faire une agriculture en progrès sur tous les points de la France, détruisez tout ce système fatal qui enlève à l'agriculture les hommes, les intelligences, les capitaux.

Voulez-vous la fin des révolutions si funestes à l'agriculture, détruisez ce fatal système qui fait une tête énorme sans cesse menacée d'apoplexie, et des membres inertes et languissants, qui tuera la France si la France ne le tue.

Arrêtez, arrêtez-vous, me diront des hommes positifs et circonspects ; vous auriez cent fois raison, que tout ce que vous diriez n'en est pas moins parfaitement inutile. La France ne tuera pas ce système, par une raison bien simple : c'est qu'elle le trouve admirable, c'est qu'elle l'étend, le fortifie chaque jour ; ouvrez donc les yeux. A quoi bon prêcher dans le désert !

Toutes les grandes vérités qui ont fini par triompher ont d'abord été prêchées dans le désert. Je vois bien ce que vous me dites, mais je vois aussi poindre une autre chose. Après l'action, la réaction. Il y a dix ans, lorsque je tenais absolument le même langage qu'aujourd'hui, on souriait de mes idées, qu'on trouvait bizarres, absurdes ; aujourd'hui, parmi les hommes d'intelligence, parmi les hommes d'État qui étaient naguère si grands partisans de ce système, n'y a-t-il pas de grands doutes ? Que dis-je ! la plupart ont maintenant une conviction contraire ; ils sont comme Clovis, tout prêts à brûler ce qu'ils ont adoré. Les masses finiront par être éclairées à leur tour sur cette grande question, la tête finit toujours par mener le corps.

Vous tous, honnêtes propriétaires qui vous croyez de parfaits conservateurs parce que vous applaudissez à toutes les mesures, à toutes les lois qui vous dispensent d'efforts, de luttes, de prévoyance, et vous laissent à vos plaisirs, à vos petites affaires, à votre tranquillité nonchalante. ne voyez-vous pas l'abîme que creuse sous vos pieds cette centralisation excessive qui, se chargeant de tout faire et vous dispensant ainsi de tout devoir, forme de vous une classe sans énergie, sans action, et qui semble à la masse du peuple occupée seulement à jouir de ses richesses, inutile et sans but? La centralisation vous protége, vous sauve : oui, elle vous protége, comme les maires du palais protégeaient les rois fainéants. C'est une puissante machine qui broie toutes les résistances; elle paraît fonctionner à votre profit et vous fait vivoter, mais demain peut-être elle vous écrasera : il suffit que le machiniste change d'idée ou soit changé.

Et vous, grands partisans des principes de 1789 et de la Révolution, si des mots sans idée et de petites passions n'obscurcissent pas votre intelligence, continuerez-vous à regarder cette centralisation comme la plus belle conquête de la Révolution, comme l'arche sainte? La Révolution n'a pas créé, elle n'a fait que s'approprier et développer cette centralisation; exagération funeste, insensée du long et glorieux travail de la royauté, l'unité de la France. La centralisation appauvrit, énerve le pays, et finira par faire d'une généreuse nation un troupeau de mercenaires et de faméliques, toujours flottant entre la servilité et la révolte. Si vous ne répudiez pas la centralisation, si vous la regardez toujours comme l'essence même de la Révolution, je vous le dis avec une conviction profonde, cette Révolution, saluée sans cesse des noms de grande et de glorieuse, malgré ses crimes, ses misères navrantes, ses guerres sans fin, parce qu'elle devait inaugurer l'ère de la liberté, du bien-être, de la dignité de tous les hommes, ne paraîtra un jour à la postérité qu'une époque fatale au genre humain, une amère déception.

Il est bientôt temps que la lumière se fasse sur de grandes questions obscurcies par des préventions mesquines et de petites idées.

L'esprit de progrès et l'esprit de conservation, l'action et la résistance, n'ont ici qu'une même cause; ils finiront. sous peine de mort, par s'entendre pour assurer le succès d'une rénovation féconde.

Tout se tient, tout s'enchaîne dans les grandes choses de ce monde; ce qui fera des hommes actifs, énergiques et libres; ce qui assurera la dignité, la grandeur morale de la France, cela peut seul régénérer son agriculture; et l'agriculture peut seule, par ses progrès, accroître la richesse, le bien-être du peuple et la puissance de la France.